SOCIÉTÉ DES PÊCHEURS DE LA SOMME

ÉTUDE

SUR

LA PISCICULTURE

PAR

ALPHONSE LEFEBVRE.

MEMBRE DES SOCIÉTÉS LINNÉENNE DU NORD DE LA FRANCE, D'HORTICULTURE DE PICARDIE, DES PÊCHEURS DE LA SOMME.

AMIENS
TYPOGRAPHIE DELATTRE-LENOEL
32, RUE DE LA RÉPUBLIQUE, 32

1887

ÉTUDE

SUR

LA PISCICULTURE.

*Ce travail, fait pour la Société des Pêcheurs de la Somme,
a été communiqué à l'Assemblée générale du* 16 *juin* 1886.

SOCIÉTÉ DES PÊCHEURS DE LA SOMME

ÉTUDE

SUR

LA PISCICULTURE

PAR

ALPHONSE LEFEBVRE.

MEMBRE DES SOCIÉTÉS LINNÉENNE DU NORD DE LA FRANCE,
D'HORTICULTURE DE PICARDIE, DES PÊCHEURS DE LA SOMME.

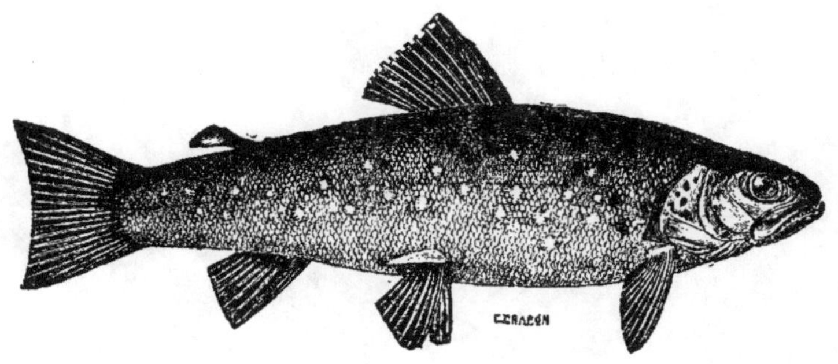

AMIENS
TYPOGRAPHIE DELATTRE-LENOEL
32, RUE DE LA RÉPUBLIQUE, 32

1887

AVANT-PROPOS.

Lorsque la Société des Pêcheurs de la Somme s'est constituée, elle ne s'est pas donné uniquement pour but, de louer des eaux dans lesquelles elle interdirait à tout le monde la pêche au filet ; elle n'a pas voulu borner son rôle à poursuivre les braconniers ou à établir des concours de pêche.

Notre Société a pensé que dans toute association : industrielle, commerciale, agricole, il faut semer pour récolter et que nous ne devions pas échapper à la règle générale. Elle a donc décidé qu'elle s'occuperait de la *propagation d'espèces de poissons étrangers ou peu répandus chez nous, et recommandables par leurs qualités comestibles* (Article premier des statuts).

Cette seconde partie de sa tâche n'a pas encore été entreprise ; mais ce n'est pas à dire qu'elle soit abandonnée. Pour l'accomplir, il faut des ressources. Nous n'en possédons pas encore beaucoup ; mais notre existence est assurée et nous pouvons, je pense, *réserver une part de nos recettes* pour faire face à nos engagements. Si nous ne commençons pas maintenant, prenons au moins nos dispositions pour l'avenir, en déterminant dans quelle proportion sera prélevée sur chaque budget, la somme qui aura cette destination et qui serait reportée sur les exercices suivants en cas de non emploi.

Nous pourrions d'ailleurs, solliciter des subventions dans ce but, auprès des administrations Municipale, Départementale et Supérieure. Il en a été accordé dans plusieurs départements. Je citerai entre autres celui de la Creuse, dont le Conseil Général consacrait, en 1883, 1,000 francs à la pisciculture ; pareille somme était fournie par l'Etat pour le même objet. Je vais donc, si vous le permettez, vous parler un peu de pisciculture.

ÉTUDE

SUR

LA PISCICULTURE.

Choix d'un terrain propre à la Pisciculture.

Ce qu'il faudrait à la Société, ce serait un emplacement clos ou à clore, dans lequel on pourrait disposer de petits canaux alimentés par une eau non susceptible d'être empoisonnée par des usines ; dont la température, s'il s'agit de poissons appartenant à la famille des salmonides, ne s'élève guère au-dessus de 15 degrés et qui ne gèle pas. Il est nécessaire de *pouvoir vider ces canaux* pour s'assurer qu'ils ne renferment pas de poissons de trop forte taille ou d'une espèce susceptible de causer des ravages aux dépens des élèves qu'on se proposerait de faire. Les truites, seraient-elles de même âge, doivent être séparées lorsqu'elles sont de tailles sensiblement différentes ; sans cette précaution, elles s'entre-dévoreraient.

Les moyens, pour vider les fossés du terrain choisi, varient avec sa disposition.

Le choix peut porter sur un terrain dans l'une des quatre situations suivantes :

1° On dispose d'une source dont le niveau peut être maintenu, sur un certain parcours, de 60 centimètres à 1 mètre plus élevé que la surface de cette même eau dans les terrains voisins : c'est au moyen d'une vanne, d'une bonde de fond ou d'un robinet, qu'on retiendra ou qu'on fera écouler les eaux.

2° On choisit un terrain situé entre deux rivières, dont l'une a un niveau plus élevé que celui de la seconde, dans la proportion indiquée ci-dessus : alors on se fera autoriser à déverser dans la seconde une partie de l'eau de la première.

3° Le terrain permet de prendre l'eau à l'amont d'une écluse ou d'un barrage et de la renvoyer à l'aval.

4° Enfin, on peut employer pour alimenter les canaux, un tuyau de concession d'un diamètre suffisamment grand pour renouveler l'eau avec une rapidité qui l'empêche de s'échauffer ; mais pour cela, il est bon d'avoir aussi à proximité un égoût, qui puisse recevoir un tuyau de trop plein et dans lequel s'opérerait la vidange des canaux.

Précautions à prendre pour retenir les jeunes poissons et les garantir de leurs ennemis et de la chaleur.

Les ruisseaux naturels et factices dont je viens de parler, doivent être munis de CLAIES plus ou moins serrées pour retenir les jeunes poissons. Ces claies doivent reposer sur un fond solidement empierré ; car l'eau, rencontrant un obstacle à son passage, lorsque la claie est en partie bouchée par des feuilles, des conferves etc., cherche à creuser pour trouver son écoulement au-dessous ou sur les côtés.

Ces claies sont formées, soit de forts fils de fer maintenus dans un cadre en bois avec traverse en fer, *soit de zinc perforé*, d'une épaisseur suffisante pour assurer une durée assez longue, car l'eau ronge le zinc. Ce métal est percé de trous ronds ou rectangulaires plus ou moins grands ; il est pris par ses bords entre deux cadres en bois.

La hauteur de mes claies est égale à leur largeur ; en sorte que je puis placer à volonté, les *fils de fer dans la position horizontale ou verticale*, en faisant glisser le cadre qui les supporte sur un côté ou sur un autre, dans les rainures pratiquées sur deux poteaux réunis par deux traverses. Celle du haut est placée sur le côté des rainures pour laisser passer le cadre qui repose sur celle du bas. Dans la rivière artificielle que j'ai dans mon jardin, les rainures existent dans les parois en maçonnerie.

On comprend que *les fils de fer horizontaux retiennent de plus petits poissons que les verticaux*, puisque la hauteur du poisson est supérieure à son épaisseur. Cependant, lorsqu'il n'y a pas à craindre qu'ils s'échappent par les espaces laissés entre les barreaux verticaux, il est préférable de les placer de cette manière ; il est plus facile alors, de retirer les débris végétaux qui s'y accumuleut. En outre, les jeunes poissons blancs peuvent pénétrer dans les compartiments et servir de nourriture aux salmonides.

La meilleure disposition, pour que la grille soit moins exposée à s'obstruer, est celle qui consiste à *l'incliner sous un angle de 45 degrés* et à en présenter d'abord, au courant, la partie inférieure. Les amas, arrêtés par la grille, sont alors poussés par l'eau, vers la partie supérieure, laissant le passage libre au-dessous.

Il n'est pas rare que les rats d'eau, voyant leurs courses gênées par les claies, veulent éviter de remonter sur la rive pour continuer à suivre la surface de l'eau ; ils creusent alors une galerie sur le côté du poteau. Si le niveau s'élève ensuite, les petits poissons passent par ce conduit qui leur permet de s'échapper. On remédie à cet inconvénient, en plaçant sur les côtés des poteaux, et dans le même plan que la claie, des planches assez larges, qui s'opposent au passage des rongeurs.

Si les rives sont peu élevées, il faut se mettre en garde contre les sauts des poissons qui pourraient trouver la mort sur le sol, lorsqu'ils sortent de leur élément pour faire la chasse aux insectes voltigeant au-dessus d'eux, (je parle des poissons de la famille des salmonides).

Il y a lieu aussi, lorsqu'ils sont très jeunes, de les mettre à l'abri des *martins-pêcheurs*, des *canards*, des *grenouilles*, etc., de certains insectes d'eau, tels que les *dytiques*, les *notonectes*, etc.

On peut parer à ces inconvénients par l'établissement d'un *grillage recouvrant les fossés.*

Le voisinage des arbres et arbustes sur leurs bords, a pour avantages d'intercepter les rayons du soleil qui échaufferaient l'eau, et d'attirer des insectes qui servent de nourriture aux poissons.

Je reviendrai plus tard sur la méthode à employer pour nourrir les alevins ; mais pour faire de la pisciculture, j'ai dû d'abord me préoccuper d'un emplacement réunissant les conditions voulues pour conserver pendant un certain temps les poissons provenant de l'incubation des œufs que nous aurons fécondés artificiellement ou que nous aurons reçus embryonnés.

Laboratoire pour l'incubation des œufs de salmonides.

En supposant trouvé le terrain qui nous convient, on pourra s'occuper d'y installer un laboratoire pour recevoir les œufs à faire éclore.

Si l'on dispose d'eau de source qui ne gèle jamais, il suffit d'un *abri* léger *contre la pluie, la neige, la vive lumière et les animaux.*

Si l'on doit opérer avec de l'eau de rivière ou toute autre, aussi bien qu'avec celle provenant d'une source sortant de terre à une grande distance et ayant subi, sur son parcours, le refroidissement de l'atmosphère, il faudra alors que la pièce où se fera l'incubation, soit *garantie contre la gelée*, plutôt par des *parois épaisses* que par un appareil de chauffage qui produirait de trop brusques changements de température.

Filtrage de l'eau servant à l'incubation.

La durée de l'incubation des œufs des salmonides est ordinairement de six semaines ou deux mois. Pendant ce temps, ils restent dans certains appareils, privés de tout mouvement et recouverts d'une couche d'eau se renouvelant continuellement. Si cette eau n'a pas une grande limpidité, elle formera peu à peu, sur les œufs, un sédiment qui leur sera nuisible, et qui sera d'autant plus considérable que l'eau, renouvelée plus souvent, apportera plus d'impuretés. Outre ces impuretés, l'eau naturelle peut contenir de petites sangsues ou des insectes aquatiques qu'il faut écarter du laboratoire.

Il est donc utile de la soumettre à un FILTRAGE en la forçant à traverser d'abord des *petits cailloux*, ensuite des *flanelles* ou des *molletons tendus entre deux cadres glissant ensemble dans des coulisses qui les maintiennent dans une position verticale ou légèrement inclinée.*

Selon la nature de l'eau, on peut se dispenser de la faire passer dans le gravier, et se contenter de l'obliger à traverser plusieurs flanelles.

Ces cadres sont disposés deux à deux, de façon à retenir serré entre eux et tendu un morceau de flanelle ou de molleton. Lorsque celui-ci est chargé d'impuretés, on fait glisser les deux cadres dans la coulisse pour les retirer du bac, dont ils formaient une cloison, puis il suffit de les séparer pour avoir la flanelle qui a besoin d'être nettoyée.

J'ai fait disposer un filtre de ce genre composé de six doubles cadres garnis de flanelle et de molleton. L'eau arrive dans le premier compartiment par un **ROBINET FLOTTEUR** et se rend, par la partie supérieure, dans un réservoir où elle s'emmagasine. Avant ce système, l'appareil que j'employais me permettait de filtrer sous la pression de l'eau fournie par le Service hydraulique ; mais pour en obtenir un bon résultat, il fallait démonter souvent ce mécanisme afin de le soumettre à un nettoyage complet ; j'y ai renoncé pour ce motif.

Réservoir d'eau pour l'incubation

Si le laboratoire est alimenté par les conduites d'eau de la Ville, une sage précaution consiste à avoir, à la suite du filtre, un RÉSERVOIR contenant plusieurs mètres cubes, d'une faible profondeur, mais d'une surface assez grande, le tuyau de distribution se trouvant du côté opposé à l'arrivée. *L'eau peut ainsi abandonner les gaz nuisibles* qu'elle est susceptible de contenir, tel que l'acide carbonique, et prendre en échange l'air qui pourrait lui manquer. En outre, si le Service hydraulique vient à interrompre momentanément l'arrivée de l'eau, on est assuré d'en avoir une *provision pour quelques heures.*

Ce réservoir doit être placé *à l'abri de la gelée, de la chaleur, de la lumière, de la poussière* et à une hauteur suffisante pour permettre la distribution aux appareils. Celui que j'ai fait établir a une longueur de 4 mètres 94, une largeur de 1 mètre 30 et 70 centimètres de profondeur ; il contient 42 hectolitres.

Des appareils d'incubation.

Il faut, autant que possible, avoir les *appareils* sur lesquels sont déposés les œufs, à peu près *à la hauteur de la main* en se tenant debout, pour que la visite en soit facile ; car ils exigent une surveillance quotidienne.

Plusieurs systèmes sont adoptés pour l'incubation des œufs de salmonides.

L'un d'eux, imaginé par M. Coste, est ancien, mais encore très bon. Il consiste à placer dans de petites AUGES *disposées en gradins*, des CLAIES *formées de baguettes de verre* sur lesquelles sont étalés les *œufs*. Ceux-ci se trouvent environ *deux centimètres au-dessous du niveau de l'eau* qui, arrivant par un robinet dans le premier bac, retombe dans le deuxième, puis dans les suivants.

La matière dont sont faites les *auges* peut varier : on en fabrique *en zinc*, *en terre vernissée ;* j'ai fait faire les miennes *en fonte émaillée ;* elles ont intérieurement 49 centimètres de longueur, 15 de largeur en haut et 10 de profondeur. Certains pisciculteurs ont remplacé les *baguettes de verre* par de la *porcelaine perforée ;* d'autres, par de la *toile métallique*. Je n'ai pas vu les claies en porcelaine ; mais j'ai essayé de la toile métallique et je donne la préférence aux baguettes de verre.

Ces *baguettes* doivent être *plus ou moins écartées selon la grosseur des œufs* qui s'alignent naturellement entre elles. L'espace qui les sépare, assez rapproché pour retenir les œufs, doit cependant permettre à l'embryon, débarrassé de son enveloppe, de tomber au fond de l'auge. C'est au moyen de quatre supports disposés sur les parois intérieures de ces petits bassins, que sont maintenues les claies.

Celles-ci se composent d'un cadre en bois muni de coches dans lesquelles se placent les baguettes, retenues à leurs extrémités par une lame de plomb et au milieu par une petite traverse en bois. Un fil de laiton étamé et cintré, fixé aux deux extrémités, forme deux petites anses facilitant leur déplacement.

Ces claies peuvent être aussi placées dans des AUGES FIXES *en ciment*, *pierre*, *ardoise*, *granit*, *marbre ou terre cuite vernissée*, de surface assez grande, ou dans le courant d'un ruisseau dont on peut garnir *de bois* le fond et les parois latérales.

Dans ce dernier cas, en supposant ce ruisseau alimenté par une source peu éloignée, on n'aurait pas à craindre la congélation. L'installation pourrait donc être économique, mais peu commode pour la personne chargée de la surveillance des œufs, si elle devait se trouver en plein air et obligée d'être baissée ou à genoux pour ce travail.

Il serait toujours facile de construire un abri léger au-dessus du ruisseau ; mais on éprouverait peut-être plus de difficulté à obtenir, sans maçonnerie, un chemin creux et sec longeant le ruisseau, qui permettrait de retirer les œufs en restant debout.

En employant la maçonnerie avec chaux ou ciment hydraulique et en ayant, au besoin, recours aussi au bois, on parviendrait à établir des sentiers assez profonds pour surveiller commodément les rigoles où seraient placés les œufs ; mais la dépense pourrait être forte, selon la nature du sol.

Ce travail d'établissement d'appareils d'incubation dans un fossé, en utilisant son eau toute entière ou en partie, peut s'effectuer de plusieurs manières. Sans parler du cas où l'on se servirait d'une pompe pour élever l'eau dans des auges, on aura le choix entre ces trois systèmes :

1° Détourner provisoirement l'eau du ruisseau pour opérer sur son emplacement même ;

2° Amener l'eau de celui-ci, à l'endroit ou le travail aura été préparé ;

3° Enfin placer simplement une rigole en bois dans le cours d'eau.

Selon le débit fourni par le ruisseau, il pourra être utile de conserver ou d'établir un second passage en dehors de l'appareil, pour l'eau qui serait en excès, et afin de maintenir un niveau constant.

Que l'on fasse d'ailleurs traverser l'eau d'un ruisseau ayant son origine à quelque distance, soit dans une *rigole en maçonnerie ou en bois*, on devra toujours la *filtrer* en lui faisant traverser une couche de petits cailloux, pour éviter l'introduction de débris végétaux, de feuilles ou d'animaux, tels que sangsues, insectes, grenouilles, rats d'eau ou oiseaux aquatiques ; car ces cailloux forment l'une des clôtures de la rigole.

Ce filtre aura aussi *l'avantage de limiter d'un côté* l'espace à occuper par les alevins qui doivent sortir des œufs mis en incubation.

Les cailloux peuvent être retenus dans une caisse formée par le fond et les deux parois longitudinales de la rigole, entre lesquelles on établira deux côtés verticaux, percés de trous nombreux sur toute la surface immergée. Ces derniers côtés peuvent être placés à une distance de 50 centimètres l'un de l'autre.

A l'extrémité opposée de l'appareil, une planche ou *un rebord*, soit en ciment, soit en une autre matière, *empêchera l'écoulement par le fond*, afin que le courant se fasse sentir à la hauteur où sont déposés les œufs. sans lui donner une force capable de les déplacer. Ce rebord *maintiendra* en même temps *le niveau* constamment *au-dessus* de ceux-ci. Une grille horizontale en zinc perforé, dont je parlerai plus loin, formera avec le rebord, la clôture, du côté de la sortie de l'eau. *On couvrira* également *de zinc perforé* le dessus du fossé pour empêcher une lumière trop vive ou l'introduction d'animaux nuisibles.

Supposons que l'on veuille établir en planche l'appareil incubateur ; on pourra lui donner les dimensions suivantes :

Largeur du fond, 1 mètre ;

Hauteur des côtés fixés dessus, 22 centimètres ;

Longueur, selon les besoins.

Au milieu de la largeur, sera fixée une planche, de

hauteur égale à celle des côtés, divisant l'appareil en deux rigoles. La feuille de zinc, d'un mètre de largeur, reposera sur les trois planches. Au moment de la visite des œufs, on la repoussera, de manière à découvrir l'une des rigoles. Sur la rive opposée, on la repoussera de même, pour passer en revue le contenu de l'autre.

Le niveau de l'eau sera à 17 centimètres du fond et les œufs à 15.

Tous les 50 centimètres sera un tasseau de 4 centimètres de largeur sur 32 millimètres d'épaisseur, traversant la planche du milieu et fixé contre la partie intérieure des parois, maintenant leur écartement et soutenant les claies.

Celles-ci pourront avoir une largeur de 15 centimètres et une longueur de 48 ; ce qui laissera, suivant l'écartement des traverses, un intervalle de deux centimètres entre les anses de deux claies voisines, dont un centimètre à chaque bout reposera sur la traverse. Trois claies trouveront place dans la largeur de la rigole.

On fera bien de goudronner ces rigoles sur toutes leurs faces ; car, le goudron, en les préservant de la pourriture, s'oppose au développement d'une végétation cryptogamique qui ne tarde pas à se produire sur le bois immergé ; végétation qui, si l'on n'y prend garde, envahit les œufs. On devra, cependant ne mettre des œufs en incubation dans cet appareil, qu'après que l'odeur du goudron aura à peu près disparu.

Revenons aux appareils mobiles. On peut, dans ces appareils, adopter une *disposition qui fait arriver l'eau au-dessous des claies* et l'oblige à *s'écouler au-dessus.*

On a ainsi été conduit à confectionner des APPAREILS CONIQUES dans lesquels sont déposés les œufs sans être soutenus par des claies. La partie étroite se trouve en bas ; c'est par là qu'arrive l'eau ; celle-ci, après avoir traversé la couche d'œufs, sort par le haut.

Des grilles placées à l'arrivée et à la sortie, *retiennent les œufs* dans le récipient ; mais en règlant l'eau convenablement on peut laisser les œufs à peu près immobiles pendant la première partie de l'incubation et, *lorsqu'ils sont embryonnés, leur imprimer un mouvement* qui les tient en état de propreté et amène au-dessus les œufs mauvais qu'on peut alors retirer facilement.

Je n'ai pas encore expérimenté cet appareil ; mais j'ai pris mes dispositions pour m'en servir, parce qu'*il est recommandé pour combattre une maladie* qui se déclare souvent chez l'alevin entre le moment de l'éclosion et celui de la résorption de la vésicule ombilicale. J'ai choisi pour cela une *cuvette en fonte émaillée* à effet d'eau, servant ordinairement pour les cabinets inodores. Son plus petit diamètre intérieur mesure 11 centimètres et son plus grand 30 centimètres.

Récolte et Fécondation des œufs de Salmonides.

Quand on possède un laboratoire muni des appareils d'incubation, il faut, lorsque le moment est venu, ou bien *se procurer des œufs fécondés* et déjà embryonnés, ou s'occuper soi-même de recueillir les œufs et de *procéder à leur fécondation.*

J'ai chez moi un petit nombre de truites adultes qui me fournissent des œufs. Vers la fin d'octobre elles commencent à faire des trous dans le gravier ; c'est l'indice d'une ponte prochaine. Dans les premiers jours de novembre je les attrape ; par une légère pression sur l'abdomen, la queue dirigée en bas, *je fais sortir une goutte de laitance ou un œuf*, ce qui me permet de reconnaître les mâles et les femelles bons à retenir pour l'opération. *Les mâles sont placés dans une bachotte, les femelles dans une autre* et les truites dont la laitance ou les œufs ne sont pas mûrs sont placées à part dans un autre bassin.

La température de l'air où l'on opère doit être assez basse et la lumière pas trop vive. Ces dispositions prises, *on s'empare d'une femelle. L'opérateur la saisit du côté de la tête, avec la main gauche munie d'un torchon ; un aide la tient par la queue également avec un torchon, afin que le poisson ne glisse pas entre les doigts.* La femelle étant maintenue dans une position légèrement inclinée, presque verticale, le ventre et la queue en bas, *de la main droite on presse l'abdomen en faisant glisser la main de haut en bas,* et en répétant cette manœuvre un certain nombre de fois, *on détermine l'expulsion des œufs qui sont recueillis dans un vase propre et sec, à fond plat.*

On prend aussitôt un mâle et, le tenant de la même manière, *on en extrait quelques gouttes de laitance* que l'on fait tomber dans un autre vase. Quand on le peut, il est préférable de prendre la laitance sur deux sujets. *On verse alors sur celle-ci, la quantité d'eau nécessaire pour recouvrir les œufs;* elle doit avoir une température voisine de 5 à 10 degrés centigrades. Le mélange de la laitance avec l'eau, lui donne l'aspect du lait. On répand aussitôt ce liquide sur les œufs, *qui restent baignés pendant deux minutes.* Au bout de ce temps, *on rince les œufs* avec de l'eau claire et *on les dépose dans les appareils à incubation.*

Lorsque l'on a affaire à des poissons de forte taille, comme les saumons, il faut être deux pour tenir l'animal ; une troisième personne employant les deux mains à faire sortir les œufs.

Si, au moment de l'expulsion des œufs ou de la laitance, les poissons rejetaient quelque saleté, il faudrait l'enlever avec un coin de torchon. Je puis débarrasser les œufs des liquides qui peuvent les salir, en les recueillant sur un *tamis en cuivre étamé, perforé,* fait pour s'emboiter dans un *récipient de même métal ;* les deux fonds touchant partout l'un contre l'autre. Dans ces conditions, s'il est nécessaire de tremper les œufs dans l'eau pour les nettoyer, on peut le faire et les retirer aussitôt ; puis vider le vase, y replacer le tamis avec les œufs et les arroser avec l'eau laitancée. Deux minutes après, le tamis est enlevé, la liqueur fécondante remplacée par de l'eau claire dans laquelle le tamis est plongé de nouveau, ce qui permet de rincer facilement les œufs pour les mettre ensuite à la place qu'ils doivent occuper pendant l'incubation.

Récolte d'œufs de Saumons à l'île Ste-Aragone.

Le 28 novembre 1885 j'ai été assez heureux pour recueillir et féconder des œufs de saumons. Je m'étais rendu à l'île Ste-Aragone avec les ustensiles nécessaires pour recevoir la laitance et les œufs. Dans une boite en bois, avec compartiments et munie d'une poignée pour la porter, se trouvaient *trois vases* en cuivre étamé : l'un de 28 centimètres de longueur sur 21 de largeur et 10 de hauteur, *pour recevoir les œufs ;* un autre, ayant 21 centimètres de long sur 12 de large et 4 de haut, destiné à *recueillir la laitance;* le troisième, ayant 11 centimètres de largeur, 4 d'épaisseur et 14 de profondeur, avec une anse mobile, servant à *puiser de l'eau.* Cette boite, ayant les dimensions extérieures suivantes : longueur 47 centimètres, largeur 26 et 15 de hauteur, renfermait encore un *tamis pour rincer les œufs, des torchons pour tenir les poissons, et des linges pour y placer les œufs après la fécondation.*

Je m'étais muni d'une autre *boite* garnie aussi d'une poignée. Ses dimensions extérieures sont : longueur, 26 centimètres ; largeur, 23 ; hauteur, 29. *Cette boite en renfermait une autre* de 22 centimètres de long, 18 de large et 12 de hauteur. *Toutes deux étaient destinées au transport des œufs* et pouvaient en recevoir chacune deux couches séparées par de la mousse humide que j'avais apportée dans un sac.

Tous les ans, *du* 25 *novembre au* 10 *décembre*, environ, dans la vieille Somme, à partir de la passerelle établie à environ 70 mètres du barrage de la Chaudière et sur un espace d'environ 70 mètres en descendant la rivière, *on prend*, à l'épervier, *des saumons* qui viennent en cet endroit pour frayer. Il s'y trouve un fond de cailloux, d'une épaisseur de 40 centimètres sur lequel, avec des bottes, on peut s'avancer à plusieurs mètres du bord. Le maximum de hauteur d'eau est d'environ 1m30.

Pour la première fécondation, qui eut lieu le 28 novembre avec une femelle et deux mâles, et la deuxième, le 2 décembre, avec un sujet de chaque genre, je me suis servi d'individus de *taille moyenne*, c'est-à-dire du poids de 6 *à* 7 *kilogrammes*, sauf l'un des deux premiers mâles, pesant environ 4 kilogrammes et demi. J'ai employé pour la troisième opération, le 11 décembre, *la plus forte femelle* prise cette année, elle *pesait* 11 *kilogrammes*. Je ne lui ai enlevé qu'une partie de ses œufs que j'ai arrosés de la laitance du *plus petit mâle* qu'on ait encore observé ; son poids ne dépassait pas 2 *kilogrammes et demi*.

Le plus fort mâle pris à cette époque *pesait* 17 *kilogrammes et demi et mesurait* 1 *mètre* 22 *centimètres*.

J'avais essayé de faire pondre une *femelle de* 6 *kilogrammes* ; j'ai dû y renoncer parce que *ses œufs* n'étaient pas mûrs ; ils *pesaient* 1 *kilogramme* 600 *grammes*.

Le premier saumon que j'ai vu de la saison pesait environ 5 kilogrammes et demi ; il était suspendu par la queue au moyen d'une corde dans une étable et vivait encore. En le décrochant et le mettant dans la position inverse, au moyen d'une faible pression, je constatai immédiatement que c'était une *femelle dont les œufs sortaient librement* sans que la main ait besoin de continuer son office. Je m'empressai d'arrêter cet écoulement et j'allai à la recherche d'un mâle à 150 mètres de là, puis je revins chercher la bête ; mais pendant ce temps elle était *morte*, et au moment de recueillir les œufs, il m'a été *impossible de les faire évacuer.*

Le nombre des *saumons pris* dans l'espace de trois semaines à l'emplacement dont je viens de parler a été de *vingt-huit* en 1885. On en prend m'a-t-on dit, 7 ou 8 entre St-Valery et Amiens, aux barrages de Pont-Remy, Long, Hangest, Picquigny et Ailly, où ils attendent quelquefois pour passer soit par l'ouverture des vannes, soit par dessus. J'ai entendu dire qu'on en prenait à Pont-Remy en mettant les eaux basses dans une coulerie. On a vu, cette année, un de ces poissons sauter quatre fois pour franchir le barrage de la chaudière, dont la hauteur est d'un mètre environ ; il n'a réussi qu'à la cinquième fois.

Trois saumons ont été capturés en amont de ce barrage, dans les canaux de la ville. Le 7 mars 1886 on signalait la présence d'un de ces poissons, d'environ 5 kilogrammes, en amont, à peu de distance de ce même barrage; 15 jours auparavant, on l'avait vu en aval.

En 1884, on en a pris 96 ; autant en 1883; mais beaucoup moins les années précédentes. Il n'en a été capturé que 4 en 1886 et je n'ai pu recueillir d'œufs.

Les saumons s'arrêtent à Amiens et *ne se rendent pas dans la Selle ou l'Avre* qui se jettent dans la Somme, la première en aval, la seconde en amont d'Amiens.

La présence dans nos eaux, des saumons dont les *mâles* sont désignés ici sous le nom de *bécard* et les *femelles* sous celui de *bidoise*, ne doit pas être attribuée à des essais de repeuplement. Depuis la construction du barrage, qui est ancienne, les saumons viennent nous visiter chaque année et s'arrêtent là, à l'époque du frai; ils ont été plus nombreux autrefois.

Il y a une vingtaine d'années, un Amiénois, le docteur Terral, a fait éclore des œufs de salmonides qu'il recevait de Huningue et dont il se débarrassait aussitôt après la résorption de la vésicule, ou à peu près. Depuis, je n'ai pas connaissance qu'une autre personne se soit occupée de pisciculture sur le cours de la Somme.

Les pêcheurs n'ont jamais trouvé dans leurs filets, *de saumons de la grosseur d'un hareng;* mais ils en prennent quelquefois de la taille d'un goujon.

C'est en 1885 la première année que j'ai recueilli des œufs de saumons. Pendant trois semaines j'ai été chaque jour à l'île Ste-Aragone afin de ne pas manquer les occasions de sauver ces œufs d'une perte certaine. J'en fus récompensé en récoltant, *sur trois femelles*, environ 26,000 *œufs*, sur lesquels j'en ai adressé 3,000 sur le point d'éclore, à la Société d'Acclimatation qui les a expédiés dans le département de l'Aude. J'ai obtenu 17,093 éclosions, d'où il résulte que j'ai éprouvé une perte de 6,000 œufs et que 20,000 *ont donné naissance à des jeunes*.

Le 23 mars, toutes les éclosions de saumons étaient terminées. Elles avaient commencé le 21 janvier.

Pour les *œufs fécondés le* 28 *novembre*, les yeux des *embryons* étaient *visibles le 4 janvier*. On apercevait ces organes le 18 du même mois, pour les œufs recueillis le 2 décembre. Enfin, c'est le 25 janvier qu'on commençait à se rendre compte du résultat de la fécondation opérée le 11 décembre.

Un *mille* de ces *œufs* pesait *cent trente sept grammes* et *un double décilitre* pouvait contenir *mille cinquante œufs*.

Soins à donner aux œufs de Salmonides pendant l'incubation.

Ces œufs, déposés sur des claies formées de baguettes de verre, doivent *rester immobiles* depuis leur fécondation jusqu'au moment où ils sont embryonnés, c'est-à-dire. lorsque les yeux apparaissent. Ils doivent, pendant *l'incu-*

bation, être *à l'abri de la vive lumière*, être constamment alimentés d'une *eau limpide et froide* et *visités tous les jours* pour en extraire les œufs gâtés, qu'on reconnaît à la couleur blanche qu'ils prennent. Ces œufs ne tardent pas à se couvrir de poils qui envahissent leurs voisins et déterminent leur perte. Pour les enlever, on se sert d'une *pince* présentant à ses extrémités deux cavités demi sphériques dans lesquelles peut se loger un œuf.

Pour éviter la rouille, j'en ai fait construire une dont les parties inférieures sont en cuivre étamé.

Le meilleur moment pour *faire voyager les œufs*, c'est *lorsqu'ils sont sur le point d'éclore.*

Grosseur des œufs et modifications qu'ils subissent.

Les *truites d'Europe*, selon la taille des pondeuses, donnent des *œufs de 5 ou 6 millimètres* de diamètre ; ceux du *Salmo fontinalis* d'Amérique n'ont pas plus de 4 *millimètres*, tandis que ceux des *saumons* communs atteignent 7 *millimètres.*

Mille œufs de truites d'Europe pèsent environ *cent dix grammes* et un *double décilitre* en *contient* à peu près *douze cent cinquante.*

A la sortie du corps de la femelle, les œufs ne sont pas tout à fait ronds, l'absorption de l'eau laitancée leur donne la forme sphérique en même temps qu'elle change un peu leur couleur.

Ceux des truites d'Europe (autres que la truite saumonée), d'un beau jaune citron, et ceux du saumon, d'un rouge groseille clair, au moment de la ponte, perdent, aussitôt la fécondation, la vivacité de leur couleur et prennent une teinte blanchâtre, tout en conservant une demi-transparence.

De deux à quatre jours après la fécondation, un point légèrement opaque de 2 millimètres de diamètre occupe la surface sphérique supérieure de l'œuf de truite. Si on le retourne, la tache disparaît pour reparaître le lendemain, toujours à la partie supérieure ; car cette tache est produite par un liquide plus léger que le reste et qui tend à occuper la place la plus élevée dans l'œuf.

Quinze à dix-huit jours après la fécondation, la tache blanche commence à laisser au centre un point translucide. Les œufs non fécondés présentent jusqu'à la fin de l'incubation, une couronne opaque se détachant sur un fond clair, quand ils ne deviennent pas tout à fait blancs avant l'époque de l'éclosion.

Huit jours plus tard, on ne distingue plus ni point clair, ni anneau, les œufs sont d'une couleur de chair uniforme.

Un mois après la fécondation, on commence à distinguer 2 points noirs qui sont les yeux de l'*embryon*.

Lorsque la plupart des œufs sont bien *embryonnés*, si l'on veut se débarrasser de ceux qui n'ont pas été fécondés, on les reconnaîtra facilement en les soumettant à un vif courant d'eau en même temps qu'on les remuera : ils blanchiront instantanément, les autres, au contraire, laisseront mieux voir les embryons.

Quelques jours après l'apparition des yeux, on découvre une ligne rouge ; un peu plus tard, une ligne noire surmonte la ligne rouge ; c'est le corps de l'embryon. Huit à dix jours après qu'on a aperçu les yeux, on commence à voir les jeunes se mouvoir dans l'œuf ; mais ces mouvements sont encore rares. A la même époque, les œufs fécondés prennent une couleur légèrement saumonée et leur enveloppe devient plus diaphane.

Enfin l'*éclosion* se produit généralement *six semaines ou deux mois après la fécondation*. Si les œufs sont soumis à une température plus froide, la durée de l'incubation est plus longue.

Soins à donner aux jeunes truites ou saumons.

Lorsque l'éclosion à lieu, les jeunes sont alourdis par une grosse poche ronde contenant leur *nourriture pour six semaines*, qu'on appelle *vésicule ombilicale*. La première chose à faire, c'est de retirer les pellicules qui renfermaient les embryons. On doit *tenir les jeunes dans l'ombre* ; pour cela, *je recouvre mes petits bacs avec du zinc perforé*, comme j'ai fait pour les œufs. Les salmonides qui viennent de naître restent d'abord à peu près immobiles sur le fond de l'auge ; puis, la vésicule diminuant au profit du corps, elle prend la forme d'un haricot et les jeunes se traînent avec rapidité sur le fond. Dans cet état, ils ont coutume de se grouper les uns sur les autres. Enfin, la vésicule se rapetisse de plus en plus, jusqu'à résorption complète. Ils deviennent en même temps plus agiles, nagent et se hissent dans les angles en dehors de l'eau, en glissant contre les parois du bassin qui les renferme.

Il faut toujours *enlever les cadavres des jeunes* qui périssent, aussitôt que l'on s'en aperçoit. Lorsqu'ils sont dans de petites auges mobiles, il n'est pas bien difficile de les tenir assez proprement. Pour cela, ou bien on verse l'eau de ces petits bassins dans un autre vase, ou bien on se sert d'une PIPETTE en verre avec laquelle on aspire les saletés ou on reprend les jeunes tombés avec l'eau que l'on veut rejeter ; enfin, on en retire les morts avec la pince à œufs.

C'est *au moyen de la pipette* que l'*on compte les jeunes*, peu de temps après l'éclosion, avant qu'ils aient acquis une agilité qui rend l'opération difficile.

Pipette ; manière de s'en servir.

La pipette est formée d'un tube de verre légèrement recourbé et renflé à l'une de ses extrémités avant de revenir au diamètre primitif. Pour s'en servir, on commence par boucher l'orifice du tube avec le pouce de la main droite en le maintenant par les autres doigts ; puis on plonge la partie renflée vers les œufs ou les jeunes que l'on désire enlever. Lorsque l'une des extrémités de la pipette est rapprochée des poissons, en soulevant le pouce, l'air enfermé dans l'instrument cède la place à l'eau qui s'y précipite, entraînant ce qui se trouve près de l'orifice inférieur du tube.

Grilles pour retenir les alevins dans les auges.

Lorsque j'ai à la fois des œufs à éclore et des jeunes que je veux empêcher de s'échapper de leur auge, je mets à la sortie de l'eau, une GRILLE VERTICALE qui permet le placement de la claie supportant les œufs ; mais dès que je puis me dispenser de cette claie, je remplace la grille verticale par *une autre en zinc perforé, placée horizontalement* en dessous du niveau de l'eau avec rebord vertical plein, montant jusqu'en haut du bac.

Cette dernière disposition, à laquelle on donne un développemenf assez grand, n'a pas l'inconvénient, comme la première, de retenir les jeunes poissons dont la vésicule passe du côté de la grille opposé à celui où le corps demeure prisonnier. Ces malheureux, généralement voués à la mort, font alors obstacle au passage de l'eau dont le niveau monte et se rapproche du bord supérieur de l'auge. Les autres jeunes, en se lançant, selon leur habitude, au-dessus du liquide qui baigne les parois, n'ont pas de peine à les franchir. Quelques-uns sautent par le trou fait au couvercle en zinc pour laisser passer l'eau à son arrivée. Il n'est pas rare d'en perdre ainsi plusieurs centaines en peu de temps.

Pour les aquariums ou bassins destinés à recevoir de tout jeunes poissons, il est utile d'employer ce mode de grille immergée avec bord plein dépassant la surface de l'eau.

Maladies des Alevins.

Deux maladies bien caractérisées font périr beaucoup d'alevins ; elles exercent leurs ravages à deux âges différents.

La première frappe les jeunes avant la résorption de la vésicule ombilicale ; c'est l'HYDROPISIE, que j'ai observée principalement sur les *ombres-chevaliers*, les *salmo fontinalis* et les *hybrides* de ces derniers avec les truites d'Europe. C'est un épanchement séreux qui se produit entre les deux membranes ordinairement réunies pour contenir la matière alimentaire liquide servant exclusivement de nourriture aux poissons qui viennent de sortir de l'œuf. J'ai percé la membrane extérieure de plusieurs de mes malades ; il en est sorti un liquide qui, mis en contact avec une goutte d'acide azotique, a formé immédiatement un précipité floconneux blanc, décelant la présence de l'albumine.

Après avoir retiré le mieux possible ce que contenait la seconde enveloppe, j'ai remis à l'eau et j'ai réussi à sauver une cinquantaine d'ombres-chevaliers. Cependant, c'est une opération délicate qui ne conserve pas la moitié des opérés.

D'un autre côté, si on laisse ces malades avec les alevins sains, on ne tarde pas à s'apercevoir que le *mal gagne de proche en proche* avec une grande rapidité. Il faut donc *séparer ceux qui sont atteints*, aussitôt qu'on a constaté la maladie. Celle-ci est attribuée au défaut d'aération de l'eau; on doit établir un courant plus fort.

Par suite du gonflement considérable que produit cette hydropisie, le jeune poisson devient tout à fait immobile. *On combat* efficacement *cet état morbide en plaçant les malades dans l'appareil conique* dont j'ai parlé page 16. Le mouvement ascensionnel que leur imprime l'eau, en arrivant par le bas, exerce sur eux un effet salutaire.

La seconde maladie, dite MALADIE DES BRANCHIES, ne s'attaque qu'aux poissons sevrés de la liqueur préparée par la nature et mise par elle dans une sorte de biberon attaché au corps de l'alevin qui vient de naître. Il est, pour le jeune poisson, un moment difficile à passer ; c'est celui où cette provision alimentaire étant épuisée, il est obligé d'avoir recours à un autre genre de nourriture qu'on ne peut que difficilement procurer aux jeunes poissons captifs ; aussi la mortalité se fait-elle sentir vers ce moment. Plus tard encore, on remarque les branchies gonflées et blanches chez quelques individus et quelquefois sur un grand nombre. Ces organes respiratoires se couvrent de *petites algues* appartenant aux genres *Saprolégnie* (*Saprolegnia ferax*) et *Achlie* (*Achlya prolifera*), qui attaquent aussi les adultes sur les mêmes organes, sur les nageoires, principalement la caudale, et aussi sur le corps.

Je crois que le meilleur remède à cette maladie consiste à tenir les bassins propres en les purgeant notamment des débris de viande que l'on donne comme nourriture aux alevins, et qui, n'étant pas consommée, se décompose au fond de l'aquarium. Ces jeunes poissons qui pendant quelque temps après la résorption de la vésicule, se tiennent presque toujours sur le fond, se trouvent en contact fréquent avec cette viande couverte de moisissures et finissent par être envahis eux mêmes par des végétations cryptogamiques. Il convient en outre de tenir ces bassins suffisamment alimentés d'une eau fraîche, aérée et débarrassée des gaz nuisibles qu'elle pourrait contenir.

J'ai perdu une très grande quantité de poissons avant d'avoir établi le réservoir dont j'ai parlé page 12. Ils étaient *asphyxiés par l'acide carbonique* qui, avant de les tuer, leur faisait sortir les yeux de la tête, produisait des taches anormales sur leur corps dont la partie supérieure devenait arquée.

Le 7 décembre 1882, j'ai fait recueillir chez moi et analyser l'eau prise au robinet de la concession de la ville, après l'avoir laissé ouvert pour ne pas prendre de gaz qui auraient pu s'y accumuler. Il est résulté de l'opération faite à la station agronomique que cette eau contenait la proportion suivante pour cent de gaz dégagés à la pression 760.

Acide carbonique. . . .	37.22
Oxigène	4.65
Azote.	58.13

Dans le bulletin de la Société d'Acclimation, M. le docteur Henneguy signale une nouvelle maladie des alevins de salmonides, qu'il attribue à la présence d'une prodigieuse quantité *d'infusoires flagellés,* les *Bodo necator*, qui vivent fixés sur l'épiderme du jeune poisson, sur ses branchies et surtout sur les nageoires caudale et dorsale. Ces parasites forment des taches blanchâtres et obligent leurs victimes à se frotter jusqu'à ce qu'elles viennent, le ventre en l'air, à la surface, où elles meurent bientôt. L'auteur de cette communication pense que le meilleur moyen de combattre cette maladie consiste à mettre les jeunes poissons dans un aquarium dont le fond soit garni de gravier et dans lequel se trouvent des herbes et un courant assez fort. En se frottant contre le gravier et les herbes, ils parviennent à se débarrasser de leurs ennemis.

Logement des Alevins. – Différences observées chez les Salmonides.

Quelques jours avant la résorption complète de la vésicule, on met les jeunes dans un bassin de plus grande étendue que les petites auges à éclosion du système Coste. Ce bassin, dont le fond sera recouvert de petits cailloux, contiendra des plantes aquatiques, particulièrement une charmante mousse appelée *Fontinale incombustible* (*Fontinalis antipy-*

retica), poussant sur les pierres, le ciment, le bois, et restant immergée.

Pour mettre les poissons débarrassés de la vésicule ombilicale à l'abri de leurs ennemis, on peut frapper des pieux sur les rives d'un fossé alimenté par de l'eau courante ; fixer sur ces pieux des planches descendant jusqu'au fond ; fermer les extrémités par du zinc perforé placé dans un double cadre ; garnir de petits cailloux le fond du fossé et recouvrir celui-ci par du zinc perforé, une toile métallique à mailles assez grandes, ou un grillage à petites mailles, pour permettre l'entrée des petites mouches servant de nourriture, mais empêcher l'entrée des insectes nuisibles, des grenouilles, des rats d'eau et des oiseaux aquatiques.

Dans de pareilles conditions, ils sont à l'abri d'animaux qui pourraient les détruire, mais il faut les nourrir.

Je commence par loger mes *jeunes alevins dans des aquariums* (1) ; j'en ai actuellement trois, occupés par trois sortes de truites : truites d'Europe ; truites d'Amérique (*Salmo fontinalis*) et truites de Californie, connues sous le nom de truites arc-en-ciel (*Salmo irideus*). Lorsque mes aquariums contiennent un nombre suffisant d'habitants, je mets les autres alevins dans des bassins à air libre.

L'un de ces aquariums a les dimensions intérieures suivantes : longueur 1^{m}10, largeur, 54 centimètres, hauteur jusqu'au niveau de l'eau, 55 centimètres (les glaces ont 0^{m}75 de hauteur). Les deux autres mesurent 87 centimètres de longueur, 45 de largeur et 0^{m}55 de hauteur d'eau. Ces deux derniers sont formés chacun de deux parois en marbre blanc et deux en glace.

---

(1) J'ai fait un travail intitulé : *Des Aquariums, construction, peuplement, entretien*, inséré dans les Mémoires de la Société Linnéenne du Nord de la France. T. II, 1868-1871, pages 353 à 394.

C'est seulement dans ces réservoirs transparents qu'on peut facilement observer les différences existant entre les diverses sortes de poissons de la même famille, soit pour la forme, la couleur ou le développement.

Ne disposant que de trois aquariums pour les salmonides, j'ai placé quelques saumons avec les truites d'Europe. Jusqu'à l'âge de 6 ou 7 mois, on reconnaît aisément les premiers par la nageoire dorsale qui est d'une teinte uniforme pâle, comme les autres nageoires, tandis que la truite a cette seule nageoire tachetée de noir ; c'est le signe le plus caractéristique. Cependant, plus tard, j'ai remarqué que les rayons de cette nageoire avaient pris la couleur noire chez quelques sujets. Voici d'ailleurs le signalement des différentes espèces de salmonides nées chez moi en 1886 et observées le 15 octobre de la même année.

Saumons communs, *nés du 1er au 15 février.*

Nageoires grises ; la dorsale et la caudale teintées de noir vers les bords ; aucun point noir sur la première. Grandes taches gris foncé sur le dos et les flancs sur fond clair ; points noirs au-dessus de la médiane ; points rouge vermillon sur cette ligne, entre les grandes taches gris foncé que l'on observe chez toutes les truites de cet âge ; ventre gris clair avec reflets dorés. Forme du corps plus effilée aux extrémités que celle de la truite ; nageoires pectorales plus grandes.

Truites d'Europe, *nées vers le 1er février.*

Teinte générale du corps, grise plus ou moins foncée, parsemée de points noirs. Comme les chabots, les truites donnent à leur robe une teinte générale se rapprochant du milieu où elles vivent ; ce changement peut s'opérer brusquement si on les place dans des conditions différentes.

Nageoire dorsale grise, pointillée de noir ; les autres nageoires d'un gris uni. Quelques sujets ont un double filet noir et blanc aux nageoires dorsale, ventrales et anale. Grande taches gris foncé sur les flancs. Un peu plus jeune, cette truite à le dos orné d'une ligne blanche qui devient maculée de taches foncées avant de disparaître. Primitivement cette ligne paraissait dorée.

SALMO FONTINALIS, *nés vers le 1er février.*

Le dos est parsemé de lignes et points gris foncé sur gris clair ; la disposition de ces lignes est généralement symétrique sur la tête. Sur les flancs, grandes taches gris foncé, plus hautes que larges. Ventre gris clair. Nageoire dorsale gris clair mouchetée de noir ; partie antérieure bordée de blanc. Nageoires caudale et adipeuse grises, teintées de noir vers les bords ; pectorales, entièrement grises ; ventrales et anale grises, avec la partie inférieure ornée d'un filet noir contre le filet d'un beau blanc d'argent qui termine ces nageoires. Cette espèce comprend une variété à nageoires rouges.

SALMO IRIDEUS, *nés vers le 15 avril.*

Dos verdâtre parsemé de points gris foncé ; nageoire dorsale bordée de noir en avant et en arrière et de blanc au sommet ; c'est la seule qui soit parsemée de points noirs. La nageoire adipeuse est bordée de noir ainsi que la caudale ; les ventrales et anale sont bordées de blanc. Le fond de ces nageoires est généralement d'un gris clair ; cependant sur l'une de ces truites j'ai remarqué qu'elles prenaient une légère teinte rouge, ainsi que la partie inférieure de la caudale ; une ligne longitudinale rouge apparaît sur le corps de ce même individu. Sur la ligne médiane on remarque, comme chez les autres truites, des taches d'un gris foncé, plus hautes que larges. L'opercule laisse voir la teinte rouge des ouïes. Le ventre est gris clair.

Pendant la première année, les truites n'ont pas les belles couleurs qu'on admire en elles à l'âge de dix-huit mois ou deux ans. *Dans les premiers temps de leur existence, leur robe est sujette à de nombreuses modifications.*

Parmi les *Salmo fontinalis*, un certain nombre se développent rapidement la première année et dépassent la taille des truites d'Europe de même âge ; mais d'autres ont un accroissement beaucoup plus lent et sont dépassées par elles. Il y a plus de régularité dans le développement des truites d'Europe et de Californie ; mais il est plus rapide chez ces dernières qui, quoique plus jeunes de deux mois et demi, n'en sont pas moins les plus fortes. Tandis que nos truites restent longtemps immobiles sur le fond de l'aquarium après la résorption de la vésicule, celles de Californie n'attendent pas que leur vésicule soit résorbée, pour être constamment en mouvement au milieu de l'eau, à la recherche de la nourriture dont elles s'emparent avidement. J'ai remarqué en 1883, chez les Salmo Namaycush (truites des lacs d'Amérique), le même empressement à s'emparer de la nourriture et à se tenir près de la surface de l'eau ; leur développement se faisait aussi avec rapidité.

C'est un véritable plaisir d'élever la truite arc-en-ciel, dont l'éclosion se fait sans accident, la période de développement par la vésicule, sans maladie, et qui ne souffre nullement du nouveau mode d'alimentation devant nécessairement remplacer le premier.

En examinant la robe que la truite doit conserver, on trouve certainement des différences entre la truite des lacs et la truite commune, parmi les espèces d'Europe ; mais la distinction est plus apparente entre ces dernières et le *Salmo fontinalis*.

Les truites d'Europe se distinguent par des points bruns

vers le haut du corps et d'autre points, rouge vermillon au-dessous.

La truite américaine présente sur le haut du corps des lignes courbes d'un gris foncé se dessinant sur un fond gris clair et descendant jusque vers la ligne médiane ; celle-ci est ornée de quelques points rouge de Saturne d'abord, passant plus tard au rouge vermillon ; les nageoires sont bordées d'un beau blanc. Chez quelques sujets, ce gris, qui forme le fond des nageoires inférieures, est remplacé par une teinte rouge répandue aussi sur le ventre et plus accentuée aux approches de la ponte.

L'OMBRE-CHEVALIER présente sur les flancs des taches brunes dont le centre se trouve sur la ligne médiane ; plus haut, il est parsemé de points blancs et orné de lignes irrégulières de même couleur sur fond gris. Vers l'époque du frai, ses flancs se parent d'une légère nuance orangée.

Lorsque les alevins, en grossissant, se trouvent trop à l'étroit dans mes aquariums, je les place dans des bassins de mon jardin, et, si je ne désire pas les conserver à mon domicile, pour servir de reproducteurs, je les transporte, au printemps qui suit leur naissance, dans des prés, entre Pont-Remy et Abbeville, et je les verse dans des fossés que j'ai fait creuser ; ces fossés sont alimentés par une petite rivière et par des sources.

Ces fossés ont généralement 1 mètre de hauteur d'eau sur une largeur de $1^{m}50$; leur fond est du tuf et leurs parois de la tourbe. Des *banquettes* de $0^{m}30$ de largeur, chacune, *recouvertes d'une faible quantité d'eau* ont été disposées de chaque côté *pour recevoir* du cresson ou *des plantes pouvant faciliter la production de petits crustacés ou de larves utiles pour nourrir les jeunes poissons.*

J'ai pris un litre d'eau d'une des sources et je l'ai fait

analyser le 24 septembre à la Station Agronomique ; en voici le résultat :

Titre hydrotimétrique. . . . . , 25
Chaux correspondante par litre. . , 0,142

Tableau donnant les dimensions et le poids de Truites et d'Ombres-Chevaliers à différents âges.

			LONG.	HAUT.	ÉPAIS.	POIDS.
Truite d'Europe.	Née en fév. 1880.	Morte le 14 août 1881.	0,175	0,034		
» »	»	» 30 juin 1882.	0,22	0,048	0,025	140gr.
» femelle.	»	» 8 sept. 1883.	0,30	0,065	0,035	327
»	»	» 22 mai 1884.	0,34	0,07	0,042	500
»	Née en janv. 1870.	» 2 nov. 1874.	0,36			527
» femelle.	Née en fév. 1880.	» 11 sept. 1883.	0,36	0,08	0,038	535
»	Né en janv. 1870.	» 20 oct. 1874.	0,39	0,08	0,04	555
» femelle.	Née en fév. 1880.	» 2 mai 1884.	0,38	0,09	0,055	750
» mâle.	»	» 19 oct. 1884.	0,40	0,085	0,048	775
» mâle.	Né en janv. 1870.	» 2 déc. 1876.	0,45	0,088	0,045	795
»	»	» 9 mai 1875.	0,44	0,10	0,045	963
»	»	» 2 nov. 1874.	0,43	0,09	0,055	992
»	Né en février 1880.	» 12 déc. 1886	0,53	0,12		1850
Salmo fontinalis.	Vers le 10 fév. 1882.	» 4 nov. 1882.	0,165	0,03		
» hermaphrodite		» 23 sept. 1884.	0,20	0,042	0,02	86
» mâle.	»	» 16 nov. 1883.	0,21	0,045	0,02	95
Ombre-chevalier.	Du 10 au 20 fév. 1881.	» 10 mars 1883.	0,20	0,039	0,023	89
»	»	» 1er sept. 1882.	0,205	0,04	0,023	94
» mâle.	»	» 14 fév. 1884	0,24			
» hermaphrodite.	»	» 15 oct. 1883.	0,25	0,055	0,026	175
» »	»	» 2 nov. 1883.	0,25	0,054	0,032	225
» mâle.	»	» 23 sept. 1883.	0,27	0,055	0,032	230
» »	»	» 4 oct. 1883.	0,32	0,06	0,039	345
» »	»	» 5 juin.	0,36	0,075	0,045	635

Cette eau est assez calcaire et dépasse même un peu la moyenne.

Pour le transport de mes poissons j'emploie des bachottes que j'accompagne. Pendant le voyage, lorsque je vois des truites se retourner de façon à montrer le ventre, je jette du *sel de cuisine dans l'eau ;* les poissons ne tardent pas à reprendre leur position normale.

J'ai mis, le 21 juillet 1881, dans le bassin de la Hotoie, des truites provenant d'œufs que j'avais fécondés le 15 novembre 1880 ; elles s'y sont parfaitement développées, ainsi que j'ai pu le constater en novembre 1883. Malheureusement de gros brochets pris en 1886 dans ce réservoir, et la grille livrant passage à l'entrée de l'eau qui l'alimente, en partie déplacée pendant plusieurs mois, font craindre qu'il ne reste plus guère des poissons que j'y avais apportés.

Observations faites sur les Salmonides.

Monstruosités.

Lorsque l'on a mis en incubation un grand nombre d'œufs, au moment de l'éclosion, on a généralement occasion de constater des monstruosités, telles que des alevins ayant deux têtes et deux portions de corps réunies en une seule queue. Tantôt elles sont soudées sur les côtés ; d'autres fois, les têtes sont en face l'une de l'autre. Certains sujets ont le corps recourbé en haut, en bas ou sur le côté. Les uns ont la partie postérieure terminée en tire-bouchons ; d'autres sont borgnes ou aveugles, etc. Tous ces alevins mal venus ne vivent jamais longtemps. Le nombre de ces monstruosités est plus considérable dans les croisements entre truite d'Amérique et truite d'Europe, que dans les fécondations opérées entre truites de même espèce.

Arrêt de croissance chez les jeunes poissons.

Il ne faut pas négliger de fournir régulièrement la nourriture aux jeunes poissons ; car s'ils ne trouvaient pas suffisamment d'aliments dans le bassin où on les a placés, il se produirait un arrêt dans leur croissance et ils n'acquerraient jamais une grande taille. J'ai observé ce fait principalement chez le *macropode de Chine.*

Stérilité.

Dans l'élevage des truites, on en rencontre quelquefois qui sont stériles ; mais il faut bien se garder de juger trop vite : après plusieurs expériences on peut encore se tromper. Voici ce qui m'est arrivé :

J'avais une truite née chez moi en 1880, pesant 1850 grammes, d'une longueur de 53 centimètres avec une hauteur de 12 centimètres, dont il ne m'était jamais arrivé d'obtenir ni œufs ni laitance ; lorsque je la pressais, il en sortait un mince filet d'eau. Cette bête, que je soupçonnais d'avoir tué quelques-unes de ses compagnes, avait été mise à part. Désespérant d'en tirer parti comme reproducteur, et désirant disposer du compartiment qu'elle occupait seule, je la fis tuer. Je m'aperçus alors, mais trop tard, qu'il sortait de la laitance du corps de la victime et, en la vidant, nous eûmes la preuve que c'était bien un mâle.

Le sacrifice était consommé ; sa chair fut trouvée délicieuse; ce qui prouve que cet animal, en quelque sorte domestiqué, et bien que n'ayant jamais habité les eaux vives d'une rivière, n'avait rien perdu des qualités qui le font apprécier des gourmets. J'ajoute que la truite avait été nourrie exclusivement pendant six ans avec de la viande de cheval. Il est encore à remarquer que, selon l'habitude des truites sur le point de frayer, elle refusait toute nourriture depuis un mois ou six semaines.

Hybridation.

J'ai élevé des truites d'espèces différentes, telles que truite de lacs, truite saumonée, truite commune. De ces différentes espèces, j'ai obtenu des œufs que j'ai fécondés par l'une quelconque de ces espèces. Les jeunes qui en sont sortis se sont reproduits.

J'ai opéré la fécondation des œufs de ces hybrides par la laitance de *Salmo fontinalis* et inversement, j'ai versé sur des œufs de ces truites d'Amérique, la liqueur fécondante des truites d'Europe.

De ce mélange de truites d'origine différente, j'ai eu des jeunes ; mais je n'ai pu encore m'assurer s'ils sont féconds.

De ces expériences il résulte :

1° Que j'ai eu bien plus de réussite en fécondant des œufs de truites d'Europe avec la laitance de mâles de même origine, ou bien en procédant avec truites d'Amérique mâle et femelle, qu'en produisant des hybrides de ces espèces d'origine différente, dont les œufs n'ont pas la même grosseur ;

2° Que j'ai obtenu un bien meilleur résultat en fécondant les œufs d'une truite d'Europe avec la laitance d'une truite d'Amérique, plus jeune de deux ans, que par la fécondation des petits œufs de cette dernière espèce, au moyen d'une truite d'Europe plus grosse.

Je suis porté à croire que la taille des spermatozoïdes est d'autant plus petite que les œufs qu'ils doivent féconder sont plus petits, afin de faciliter leur entrée par le micropyle; d'où il faut tirer la règle suivante :

Dans tout croisement entre deux espèces, le mâle doit être pris dans l'espèce de plus petite taille.

J'ai obtenu de très curieux résultats du croisement du *poisson rouge* avec le *poisson télescope* et des générations qu'il a produites ; mais je n'entreprendrai pas de vous en parler ici.

Hermaphrodisme.

J'ai constaté aussi plusieurs cas d'hermaphrodisme chez les ombres-chevaliers. J'en citerai trois, observés sur des poissons de cette espèce, ayant atteint la même longueur à l'époque de leur mort en 1883, l'un, le 15 octobre, d'une hauteur de 55 millimètres, épais de 26 et du poids de 175 grammes; un autre, le 2 novembre, haut de 54 millimètres, épais de 32 et du poids de 225 grammes; le troisième, mort le 31 octobre, haut de 6 centimètres, épais de 34 millimètres et pesant 230 grammes. Les œufs de ce dernier, très nombreux, formaient deux grappes entre lesquelles se trouvait une petite quantité de laitance.

J'ai envoyé le premier à la Société d'Acclimatation qui m'a répondu que les faits d'hermaphrodisme ne sont pas très rares chez les ombres-chevaliers.

J'ai également trouvé un *Salmo fontinalis* hermaphrodite le 27 septembre 1884. Il était long de 20 centimètres et pesait 86 grammes.

Double ponte chez les Truites.

Il y a des truites qui pondent deux fois par an : car un de ces poissons mort le 8 septembre 1883, pesant 327 grammes, ayant 30 centimètres de longueur, renfermait quelques œufs mûrs et d'autres très petits. Une seconde truite qui avait sauté hors de l'eau, le même jour, pesant 432 grammes et mesurant 34 centimètres de longueur, renfermait des œufs (en petit nombre) de la grosseur qu'ils acquièrent à leur maturité, et une quantité de très petits œufs.

Enfin, une truite morte le 2 mai 1884, longue de 38 centimètres, pesant 750 grammes, avait dans le corps 115 grammes d'œufs presque mûrs.

Nourriture des Alevins. [1]

Lorsque la vésicule a à peu près disparu, je place les alevins dans un aquarium ou je verse des *cyclopes* et de petites larves que je trouve dans des conferves provenant de mes bassins. Les *daphnies puces* apparaissent un peu plus tard ; elles constituent avec les cyclopes, le meilleur aliment des alevins. Je leur distribue aussi de jeunes larves du *chironome plumeux* et de jeunes *naïs*. Après, j'ai recours à la *viande de cheval crue*, hâchée menue au moyen d'une petite machine, et divisée dans l'eau au-dessus d'un tamis, afin de ne laisser dans l'aquarium que des parcelles de viande susceptibles d'être absorbées.

Quelques mots sur les petits animaux que je viens de citer.

Le Cyclope.

Le Cyclope est un petit crustacé appartenant à la légion des Entomostracés de l'ordre des Copépodes, famille des Monocles. Il est tantôt rougeâtre, tantôt vert, d'autres fois brunâtre ou blanchâtre. Il n'a qu'un œil ; son corps, pyriforme, d'un millimètre et demi de longueur, se termine par une queue. De chaque côté de la queue des femelles est un sac ovale rempli d'œufs. *On le trouve dans les eaux stagnantes des mares, bassins, tonnes non couvertes.* A défaut de matières animales, il attaque les substances végétales.

---

(1) Une grande partie de ce qui concerne la nourriture des Alevins a été envoyée par moi au journal *Le Moniteur de la Pisciculture et de l'Ostréiculture* qui l'a publiée dans ses numéros des 23 et 30 janvier 1886.

La Daphnie puce.

La Daphnie est un autre petit crustacé faisant partie de la légion des Branchiopodes, de l'ordre des Daphnoïdes ou Cladocères, famille des Daphnidiens. La daphnie puce est rougeâtre ; elle n'a qu'un œil ; son corps et ses pattes sont protégés par une carapace ouverte par le bas. La partie supérieure du corps est soudée à cette carapace en avant et en arrière ; mais entre ces points extrêmes, la carapace et la partie supérieure du corps sont écartées pour former une cavité destinée à loger les œufs pendant leur incubation. *La daphnie puce*, de deux à trois millimètres de longueur, *habite les eaux stagnantes et peu courantes*. J'en ai vu en grand nombre dans un bassin formé par une source et on en rencontre par bandes nombreuses *dans les mares*.

A la suite d'une chute abondante de feuilles dans une tonne, l'eau s'était corrompue ; en la vidant, le 17 novembre 1876, le robinet en cuivre avait pris une couleur plombée et une odeur fétide se répandait à dix mètres de distance cependant j'y ai trouvé des cyclopes vivants, mais toutes les daphnies étaient à l'état de cadavres. Il est vrai que du 8 au 12 novembre, le thermomètre était au-dessous de zéro et avait marqué un demi degré, 1°, 3°, 5° et un degré et demi de gelée. Il était remonté du 13 au 17 novembre, entre 5° et 10 degrés et demi de chaleur. La mort des daphnies était-elle le résultat de la gelée ou de la corruption de l'eau, et cette corruption ne pouvait-elle pas être attribuée, au moins en partie, à la mort des daphnies par la gélée de 5 degrés du 11 novembre ? Quoi qu'il en soit, il est certain que ces crustacés ne résistent pas au froid comme les cyclopes. Les daphnies se nourrissent de matières végétales.

Le chironome plumeux.

Le Chironome est un genre de Diptère de la division des Brachocères, famille des Tipulaires, tribu des tipulaires culiciformes. Il ressemble au cousin ; mais il est tout à fait inoffensif. Le mâle à des antennes formant de petits panaches ; son corps est beaucoup plus mince que celui de la *femelle*. Celle-ci *pond des œufs rouges* enroulés en hélice et recouverts d'une masse gélatineuse transparente, ayant environ 15 millimètres de longueur sur 2 à 3 de largeur. *Elle les dépose au niveau de l'eau sur les parois des bassins, aquariums, tonnes, etc.*

Les larves qui en sortent sont d'un rouge sanguin brillant, ont la queue fourchue et se construisent, au moyen de fils de soie et de débris de feuilles, des tubes dépassant généralement un peu le niveau de la vase. Elles s'y tiennent, la tête sortant souvent en dehors. Elles se mettent aussi à l'abri dans les conferves ou se fixent contre les parois des bassins en se protégeant par un demi-cylindre fait comme il est dit ci-dessus. Lorsqu'une larve abandonne son habitation pour aller au milieu de l'eau, elle s'agite par un vif mouvement de contorsion. C'est dans son fourreau qu'elle se transforme en nymphe. A cet état elle est déjà ornée de petits panaches blancs, soyeux, se détachant sur le rouge foncé du corps. Elle monte à la surface de l'eau pour opérer sa dernière métamorphose. J'ai constaté que les larves des chironomes se nourrissent de matières animales. La plus grande longueur de ces animaux est d'environ deux centimètres sur un millimètre et demi de diamètre. Il existe des larves tout à fait semblables à celles dont il vient d'être question, sauf pour la couleur qui est blanche. *Les larves rouges du chironome plumeux sont connues des pêcheurs sous le nom de vers de vase.*

La Naïs filiforme.

Parmi les Annélides à soies, figure le genre Naïs, qui renferme un grand nombre d'espèces, dont la plus importante est la naïs filiforme. Elle est de couleur rouge lorsqu'elle est jeune, et devient brune en vieillissant; elle mesure de cinq millimètres à dix centimètres ; les plus longues n'ont pas plus d'un millimètre de diamètre. *Elles pondent des œufs blancs*, ronds, et peuvent encore se reproduire par la division d'un individu en plusieurs tronçons qui deviennent autant de nouveaux sujets. On peut les couper transversalement et obtenir le même résultat. *La naïs filiforme vit dans les eaux stagnantes et peu rapides*, le corps généralement à moitié enfoncé dans la vase, l'autre moitié constamment animée d'un mouvement ondulatoire. Elles vivent toujours en nombreuse compagnie, et *forment de magnifiques plaques rouges* au bord et dans les parties peu profondes des mares et des fossés recevant des eaux ménagères ou des matières animales qui s'y décomposent. On les trouve aussi dans les débris de végétaux et les conferves. Elles se nourrissent de très petits animaux vivants et de la chair d'animaux morts.

Les conditions d'existence étant les mêmes pour les larves de chironomes et les naïs, on les trouve souvent réunies dans les mêmes eaux. Cependant les dernières ne peuvent pas se transporter aussi facilement dans une autre localité ; il ne leur est pas permis, comme aux chironomes ailés, de déposer leurs œufs dans les tonnes et les bassins isolés.

Manière de se procurer des Cyclopes, Daphnies puces et autres petits animaux.

Au printemps et en été se développent, dans les bassins dont l'eau est peu renouvelée, des filaments verts appelés CONFERVES qui s'attachent contre les parois, ou bien, après s'être formés au fond, remontent à la surface. *Ces conferves servent de refuge à* une infinité de petits animaux variés : *des crustacés* comme les *crevettes de ruisseaux*, les *aselles* ou cloportes d'eau, et d'autres, de très petite taille, comme les *cypris*, les *daphnies* et les *cyclopes*. On y trouve encore de petites larves de chironomes et autres, tels que les notonectes, les sangsues, les coléoptères aquatiques, etc.

En mettant ces conferves dans un seau, de façon à en garnir la moitié de la hauteur, on remplit avec de l'eau ; quelques instants après on aperçoit en grande quantité, des petits animaux qui prennent leurs ébats dans le liquide. Il faut alors employer deux tamis superposés ; l'un très fin, laisse passer l'eau en retenant les petits crustacés et les très petites larves ; l'autre, placé au dessus et à mailles plus larges, retient les animaux qui, par leur taille, seraient susceptibles de nuire aux alevins, ainsi que les détritus ou parties de conferves qui tomberaient du seau. Ce qui est resté sur le tamis du fond est alors placé dans un vase avec de l'eau, afin de pouvoir encore extraire les petites sangsues qui auraient passé au travers du premier tamis.

Lorsque l'on a retiré l'eau du seau qui contient les conferves, on peut le remplir une seconde fois ; on retrouvera encore une certaine quantité de nourriture très favorable aux jeunes truites dont la vésicule vient d'être résorbée.

Quand on a l'avantage de rencontrer des bandes nombreuses de Daphnies puces, comme on en voit en certains endroits, qui donnent à l'eau une teinte de sang, principalement dans des mares servant d'abreuvoir, il ne faut pas négliger de s'en emparer, soit à l'aide de l'appareil décrit ci-dessous, soit d'une autre façon.

Récolte des Naïs et des larves de Chironomes.

Pour recueillir ces vers et ces larves, il faut être muni d'un FILET fixé sur une monture formant une demi circonférence du côté du manche et se terminant par une ligne droite perpendiculaire à ce manche. Quant au filet lui-même, il est fait d'une étoffe très claire et très solide, fabriquée pour robes d'été, ou bien d'un canevas. La partie droite de la monture en fer a environ 30 centimètres de longueur; l'ouverture a 25 centimètres dans le prolongement du manche. On racle le fond, de manière à enlever une couche de vase de 4 à 5 centimètres, en attirant à soi, aux endroits où l'on espère trouver, en grand nombre, les vers qui nous occupent. Il faut se garder de ramener une trop grande quantité de vase en une fois, parce qu'on éprouverait une grande difficulté pour s'en débarrasser. On doit alors agiter le sac en le tenant à demi plongé dans l'eau, soit en tournant, soit d'avant en arrière et d'arrière en avant ; en le soulevant hors de l'eau et le laissant retomber pour arriver à faire passer la vase entre les vides du canevas et retenir à l'intérieur, les vers aussi propres que possible. On les met alors dans un seau et, quand la provision est suffisante, on revient les placer à portée pour les prendre selon les besoins. Ils peuvent être conservés dans les bassins qui ont servi à l'incubation des œufs de truites, en y faisant renouveler l'eau constamment.

Lorsque l'on veut en donner aux alevins dans un aquarium, il faut en mettre dans un tamis que l'on agite à la surface de l'eau d'un grand bassin, pour opérer un nettoyage, puis, placer ce tamis au-dessus d'un vase garni d'eau. Les larves et vers passent à travers la toile métallique et tombent dans l'eau. Après avoir été rincés encore une fois sur un tamis très fin et remis dans un récipient, ils sont prêts à être servis comme nourriture.

Distribution dans les aquariums et bassins d'alevinage, de Naïs et de larves de Chironomes.

Afin de fournir à mes élèves une nourriture qu'ils puissent trouver pendant toute la journée, j'ai imaginé une

MANGEOIRE FLOTTANTE, composée d'une couronne en zinc mince, dont la section a la forme d'une lentille biconvexe ayant 32 millimètres d'épaisseur sur 70 millimètres de hauteur. Le diamètre de cette couronne est de 32 centimètres extérieurement et 25 centimètres et demi, intérieurement. A sa base est soudé un cercle en zinc perforé, qui a 28 centimètres de diamètre ; celui des trous est d'un millimètre et demi. Cette couronne s'enfonce de 48 millimètres lorsqu'elle est garnie de la nourriture des alevins ; elle est surmontée d'un couvercle bombé, en zinc perforé, dont les trous ont 2 millimètres de diamètre. *Ce couvercle est destiné à empêcher les jeunes salmonides de sauter dans la mangeoire* où l'on est exposé à les trouver morts ; il évite aussi que les oiseaux viennent manger les naïs et larves de chironomes qui s'y trouvent placés. Pour les aquariums j'emploie une mangeoire du même système, d'un diamètre moyen de 20 centimètres.

Ces petits vers passent par les trous du fond et sont happés par les poissons groupés sous cette mangeoire pour les saisir au passage. Une partie de ces vers, s'apercevant du sort qui les attend, ne se presse pas de descendre ; d'ailleurs, ils se trouvent dans l'eau qui est leur élément, et peuvent y séjourner longtemps sans périr.

Les Naïs ont l'habitude de se pelotonner pour se laisser tomber au fond de l'eau, où elles arrivent plus vite et plus sûrement que lorsqu'elles sont isolées; car les alevins ne réussissent pas facilement à les séparer du groupe qui, en touchant le gravier, y pénètre rapidement, échappant ainsi à ses ennemis.

La taille des naïs et des larves de chironomes doit, autant que possible, être proportionnée à celle des alevins : on recherchera les vers et larves très jeunes pour les alevins dont la vésicule est résorbée depuis peu ; car à cet âge ils ne peuvent se nourrir des naïs adultes ou des larves prêtes à subir une métamorphose.

Quand on a toujours un tamis flotteur garni de ces petits animaux, dans les réservoirs occupés par les jeunes salmonides, on a la satisfaction de les voir croître rapidement. On devra cependant, de temps en temps, diviser les naïs formés en pelottes serrées dans la mangeoire.

Distribution de viande de cheval.

Les truites mangent moins l'hiver, lorsque l'eau est très froide que par une température douce. Elles préfèrent la viande de cheval crue, à la viande de bœuf cuite. Quelque temps avant la ponte, elles ne prennent presque pas de nourriture. Pendant la bonne saison, je leur fais chaque jour une distribution de viande, Après l'avoir débarrassée des nerfs les plus apparents, je la fais passer plusieurs fois dans une machine qui, tout en la hâchant menue, la sépare des nerfs qui s'y trouvent encore. Ceux-ci, auxquels adhère une certaine quantité de chair, sont jetés aux grosses truites. La meilleure partie de la viande est réservée aux plus jeunes. Je la divise dans l'eau au-dessus d'un tamis flotteur du même genre que celui dont j'ai parlé pour la distribution des naïs. Je me sers au début d'un tamis dont les trous ont un millimètre et demi ; lorsque les alevins ont suffisamment grandi pour absorber des parcelles plus grosses, je le remplace par un autre dont le diamètre de perforation est de 2 millimètres. Par ce système je ne trouve pas dans les aquariums ou bassins d'alevinage, des morceaux trop gros pour les poissons auxquels ils sont destinés. Ce qui n'a pu passer par les trous est donné à de plus gros poissons.

Le TAMIS FLOTTEUR, qui me sert à distribuer la viande dans tous les aquariums et bassins contenant des poissons âgés de moins de neuf mois, est construit d'après les dimensions suivantes : diamètre extérieur du flotteur à sa partie la plus renflée, 0m25; diamètre intérieur, 0m15; plus grande épaisseur de la couronne 0m05; hauteur de celle-ci, 0m09, elle s'enfonce de 0m04. Le diamètre du fond perforé est de 0m175. Cette partie est placée un centimètre plus haut que la base de la couronne et, avant d'y être soudée, elle présente sur son bord une légère courbure dirigée en haut, afin d'éviter un angle vif, pour faciliter le nettoyage qui se fait avec une brosse recourbée, en crin, et tenue par un manche. Le fond en zinc perforé doit être choisi pour cet usage, plutôt que la toile métallique qui retient entre ses fils les fibres de la viande.

La forme ronde est incontestablement préférable à la forme carrée: 1° en ce qu'elle supprime les coins très difficiles à nettoyer; 2° parce quelle n'a de contact avec les parois que sur un point placé au dessus de l'eau; tandis qu'un flotteur carré dont les faces extérieures seraient verticales pourrait presser de jeunes alevins entre elles et les parois de l'aquarium.

Il faut d'aillleurs renoncer aux faces droites pour les flotteurs si l'on veut qu'ils ne se déforment pas. J'avais primitivement fait faire une couronne composée de deux faces cylindriques réunies par deux anneaux plats; sur la face cylindrique extérieure se sont formés des renfoncements nombreux et inégaux; la partie supérieure s'est creusée aussi par le fait de la contraction de l'air enfermé dans le flotteur et refroidi au contact de l'eau. La pression de l'atmosphère agissant sur les minces feuilles de zinc employées à plat, les forçaient à céder. Il n'en est pas de même de la forme convexe qui résiste beaucoup mieux.

Quand les jeunes salmonides sont âgés de six à neuf mois, il n'est plus nécessaire de tamiser la viande; cette opération offre l'inconvénient d'en faire perdre une grande quantité, car les parcelles de cette viande tombant très dru ne sont pas toutes absorbées.

J'ai fait exécuter une MANGEOIRE FLOTTANTE composée d'un

flotteur dont l'épaisseur, à la partie la plus renflée, a 4 centimètres; sa hauteur est de 8 centimètres; son diamètre intérieur de 15 centimètres et son diamètre extérieur de 23 centimètres. Sous ce flotteur est fixée, à une distance de 5 centimètres, par trois petits tubes de 6 millimètres de diamètre, une sorte d'assiette en zinc perforé, dont les trous ont 2 millimètres de diamètre. Cette assiette est plate sur un diamètre de 15 centimètres; puis le bord se relève comme les plateaux de balances. Sa profondeur est de 25 millimètres, son diamètre pris au bord intérieur est de 21 centimètres. Ce bord se termine par un boudin en zinc creux de 6 millimètres placé extérieurement.

Je mets dans l'assiette la quantité de viande hâchée nécessaire à la nourriture des alevins renfermés dans l'aquarium ou le bassin. Quelques uns d'entre eux s'engagent entre le flotteur et l'assiette et cherchent à enlever de petits fragments de la viande. Celle-ci se divise un peu et ce qui tombe par les trous du zinc est happé aussitôt par les jeunes restés au-dessous. Par ce système rien n'est perdu; les jeunes salmonides ont bientôt pris l'habitude d'aller chercher, dans l'assiette, la nourriture qui leur est offerte; l'eau ne se trouble pas comme cela arrive quand on divise la viande avec la main. On gagne un temps considérable sur le procédé qui consiste à leur jeter une quantité de très petits morceaux, et l'hiver, on a l'avantage d'avoir moins froid lorsqu'on fait la distribution.

Distribution d'asticots.

Lorsque reviendra la bonne saison, je me propose d'essayer un appareil dans lequel se produiront des asticots pour la nourriture des alevins.

Au-dessus d'une couronne flottante, en zinc, sera placée une assiette creuse en zinc perforé de trous d'un centimètre environ, recouverte d'un couvercle en zinc semblable. Dans l'assiette, on mettra des débris de viande sur lesquels les mouches déposeront leurs œufs. Les larves qui en sortiront, après s'être développées sur la viande, finiront par tomber dans l'eau en passant par les grands trous du zinc. Les petits poissons en feront facilement leur proie. Le couvercle a pour but, en laissant entrer les mouches, d'empêcher que des oiseaux ou autres animaux, viennent s'emparer des asticots ou de la viande.

Il reste à savoir si l'odeur dégagée par cette viande corrompue ne me forcera pas d'abandonner ce mode d'alimentation qui peut être employé avantageusement dans des eaux éloignées des habitations.

Lorsque l'on place dans des fossés assez étendus, ou dans un étang, des truites ayant au moins un an, il faut qu'elles puissent y trouver leur nourriture: larves d'insectes et petits poissons blancs. Ces eaux doivent renfermer des plantes aquatiques, qui ne sont pas moins nécessaires pour la propagation des espèces d'animaux destinés à servir d'aliment aux truites que pour fournir à celles-ci les retraites dont elles ont besoin, soit pour se soustraire à leurs ennemis, soit pour éviter la grande chaleur.

De la Carpe.

Notre département renfermant beaucoup d'entailles dont l'eau n'est pas renouvelée ou l'est fort peu, il y aurait lieu de s'occuper de propager une autre sorte de poisson qui aurait chance de s'y multiplier peut-être plus facilement que les truites et les saumons, car c'est une espèce herbivore: je veux parler de la carpe.

M. Raveret-Wattel, secrétaire des séances de la Société d'Acclimatation de France, auteur d'un remarquable travail sur la Pisciculture, a indiqué comme une variété bien supérieure à notre carpe commune, la CARPE BLEUE, qui est très en chair.

Pour se procurer ce poisson, il faudrait s'adresser à M. Robert Eckardt, pisciculteur à Lübbinchen près Guben, province de Brandebourg (Allemagne).

Le prix d'un cent pourrait être de 35 à 40 francs; l'appareil de transport coûterait 25 à 30 francs. Il faut compter sur un déchet de route qu'on peut évaluer à 10 pour cent environ. Les expéditions se font généralement en octobre et novembre. (Je tiens ces renseignements de la Société d'Acclimatation).

Je pense que si *la Société des Pêcheurs* de la Somme possédait un bassin convenable, dans une propriété close, elle *ferait bien de faire venir cent carpes bleues,* dans le but de propager chez nous une espèce très estimée, qui trouverait facilement sa nourriture dans les eaux de nos marais.

Les poissons carnivores sont beaucoup plus coûteux à élever que les herbivores; mais ils sont aussi plus appréciés des gourmets. Si donc on peut réunir à la facilité et à l'économie de l'élevage, la délicatesse de la chair, nous devons nous efforcer d'introduire chez nous le poisson qui possède ces précieuses qualités.

Conclusion.

J'étais bien tenté de vous donner un extrait du travail si intéressant que je viens de citer, de M. Raveret-Wattel, mais il y aurait beaucoup à prendre dans ce travail qui énumère: les nombreux établissements de pisciculture créés dans les Etats de l'Europe et de l'Amérique; les non moins nombreuses sociétés qui se sont formées en vue de la pêche et de la production des meilleures espèces de poissons; les larges subventions qui leur sont accordées;

l'enseignement de la pisciculture et les appareils qu'elle emploie ; etc.

Je me borne à constater qu'en France, nous sommes bien en retard sous ce rapport; mais en même temps, je vous rappelle l'article 1er de vos statuts pour vous engager à consacrer une partie de vos ressources à la propagation des poissons les plus estimés.

Au moment où je reçois la dernière épreuve de ce travail, j'ai la satisfaction de constater que mon appel a été entendu :

M. Catelain, au nom de la *Société des Pêcheurs de la Somme*, vient d'informer la Société d'acclimatation qu'une somme de cinquante francs lui sera adressée pour qu'elle nous envoie un millier d'œufs du SAUMON DE CALIFORNIE (*Salmo Quinnat*).

Ce poisson se recommande par les qualités suivantes : rusticité, croissance rapide, aptitude à vivre en stabulation, peu exigeant sous le rapport de la pureté des eaux et de leur température, chair excellente.

Des saumons de Californie âgés de quatre ans, n'ayant jamais été à la mer, ont atteint la taille de 50 centimètres. Des sujets déposés à l'état d'alevins dans l'Hérault par les soins de la Société d'acclimatation, en 1881, ont été repêchés dans ce fleuve ainsi que dans l'Aude, l'année suivante. Ce salmonide paraît avoir déjà frayé dans la Gartempe, cours d'eau du département de la Creuse.

Le *Salmo Quinnat* peut vivre dans des eaux beaucoup plus chaudes que celles que réclame le saumon commun ; car en Californie, on le rencontre dans un grand nombre de cours d'eau, dans le San-Joaquin entre autres, dont les eaux marquent parfois de 27 à 28 degrés. Il peut dépasser le poids de 15 kilogrammes.

La coloration générale de ce poisson est d'un gris-bleuâtre; les flancs sont gris, avec des reflets argentés ; le ventre est blanc ; la partie supérieure du corps est semée de points noirs; mais il n'y a aucune tache au-dessous de la ligne latérale.

Ce poisson pourra certainement se développer dans celles de nos entailles dont l'eau se renouvelle, pourvu qu'il ne devienne pas la proie des perches ou des brochets avant d'avoir acquis une taille suffisante pour le mettre à l'abri de leur voracité.

Je n'ai pu vous parler que de l'élevage du poisson, car je ne suis pas pêcheur ; mais vous, mes chers Collègues, qui êtes fréquemment sur le bord de l'eau, guettant votre proie, vous avez pu en surprendre les mœurs, faire des remarques qu'il serait bien intéressant de réunir dans l'intérêt commun.

Ne pourriez-vous noter : les espèces de poissons que l'on rencontre dans tel cours d'eau, dans telle entaille ; les dates de pontes, l'endroit où elles ont lieu, dans quelle rivière ou étang, sur le gravier ou sur les plantes, le nom des plantes sur lesquelles sont déposés les œufs ; la profondeur de l'eau et la distance du bord ; au bout de combien de temps l'éclosion a lieu ; la température de l'air pendant l'incubation ; les habitudes des poissons aux différentes époques de l'année, selon l'heure de la journée et le temps bon ou mauvais ; la nourriture qu'ils recherchent ; ne pourriez-vous, enfin, nous parler de leurs ennemis et des causes locales de destruction, etc. Je pense que ces observations, bien faites, seraient utiles à chacun de nous ; c'est pourquoi je vous demande de nous les faire connaître.

Cette étude résume le fruit de mes observations. On trouvera peut-être que j'ai trop insisté sur certains détails : il suffit qu'ils puissent présenter quelque utilité à ceux qui se livrent aux mêmes études que moi et poursuivent aussi le progrès de la pisciculture, pour m'autoriser à réclamer toute votre indulgence.

TABLE DES MATIÈRES.

Pages.

AMIENS. — TYP. DELATTRE-LENOEL, RUE DE LA RÉPUBLIQUE, 32.

www.ingramcontent.com/pod-product-compliance
Lightning Source LLC
LaVergne TN
LVHW012000160826
845678LV00002B/644
9782329679761